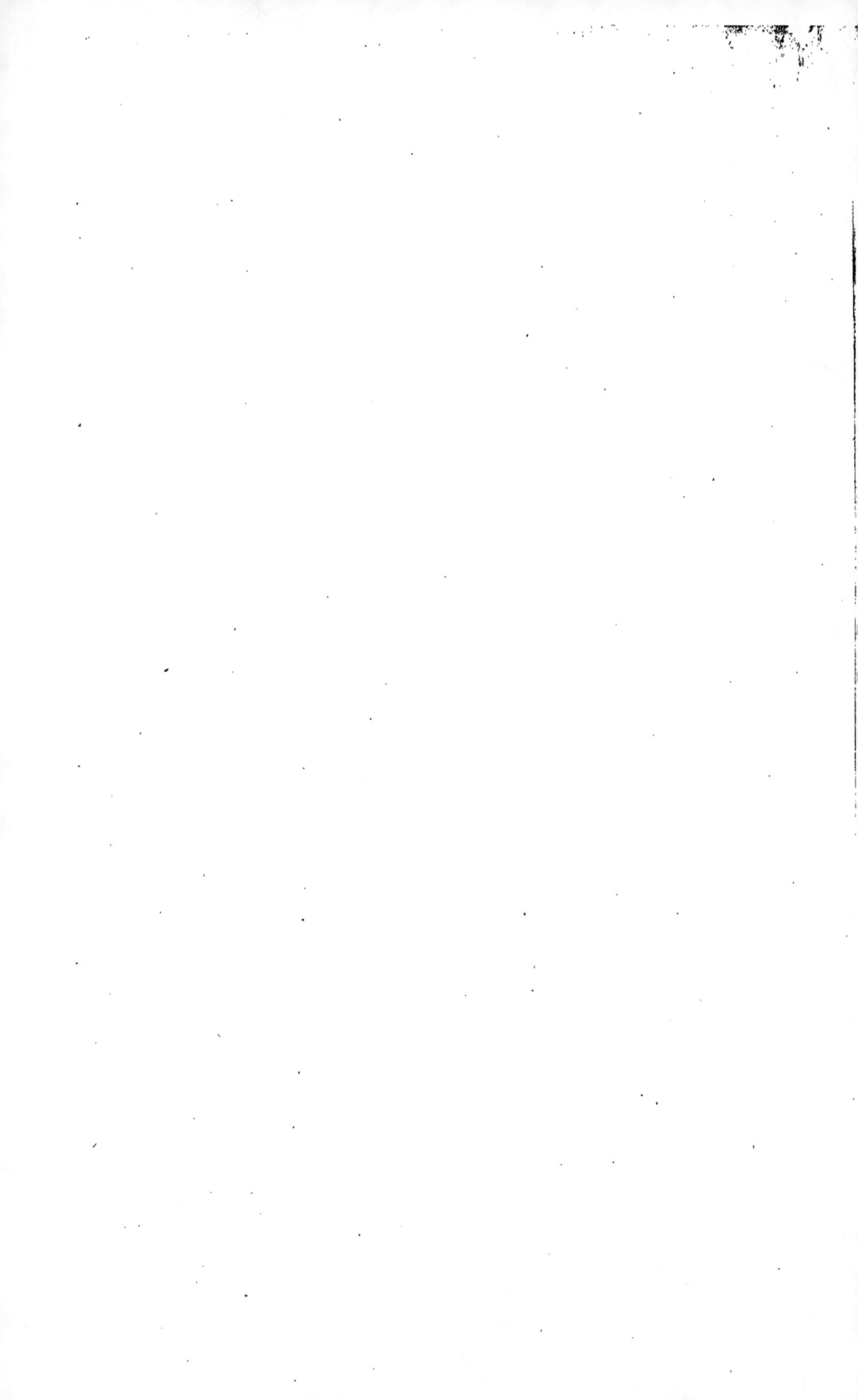

SOURCE D'EAU MINÉRALE

Naturelle, albumineuse, iodurée,

DE

VILLAINES-S.-AUBIN

(LOIRET),

Récemment découverte par un sondage;

Reconnue curative en fait et en droit par l'autorité compétente.

———◦◦◦◦———

MÉMOIRE

TENDANT A PROUVER :

1° Que les articles 1, 15 et 17 de l'ordonnance royale du 18 juin 1823, concernant le débit des eaux minérales et leur dépôt dans les pharmacies, sans inspection ni autorisation, sont applicables à l'espèce dans le cas dont il s'agit;

2° Que la reconnaissance des sources de cette nature n'est pas de la compétence des Sociétés ou Académie de médecine (article 2 de cette ordonnance) ;

3° Que la saisie des flacons de cette eau, faite dans deux pharmacies à Paris, à la réquisition d'un médecin inspecteur, en assistant le commissaire de police, qui est dans ce cas la force publique, et en arrêtant ainsi par ce moyen l'exécution de cette ordonnance royale, dans les pharmacies où les pouvoirs de cet inspecteur sont annihilés, doit être considérée comme un abus d'autorité, délit prévu par les articles 188 et 189 du Code pénal, qui prononce la réclusion contre l'agent qui l'aurait commis;

4° Que le propriétaire de la source et le pharmacien dépositaire peuvent, sans autorisation du gouvernement, poursuivre cet inspecteur, par action civile, en réparation des dommages qu'il aurait pu leur causer par cette infraction commise hors de ses attributions.

§ Ier.

Exposé des Faits.

Une source d'eau minérale froide, d'une nature exceptionnelle, a été découverte par un sondage, en l'année 1846, dans la terre de Villaines-Saint-Aubin, commune de Laferté, arrondissement d'Orléans (Loiret).

Cette eau, dont les caractères physiques à la source différaient beaucoup de ceux de l'eau ordinaire, ayant fixé l'attention des habitants de la localité, fut employée par eux avec succès contre une quantité d'affections, notamment contre les maladies de la peau, dartres, rhumatismes aigus, brûlures, cicatrisation des plaies, etc., employée en petite quantité, par frictions et compresses et sans l'intervention d'aucun homme de l'art.

Dans cette circonstance, le propriétaire de la source a demandé, par sa lettre du 26 octobre 1848, au ministre compétent, l'autorisation exigée par l'article 1er de l'ordonnance royale du 18 juin 1823, pour entreprendre l'expoitation de cette source, en faisant administrer sur les lieux cette eau curative au public.

Il a fourni toutes les pièces nécessaires à l'appui de sa demande, et jusqu'à ce jour cette autorisation spéciale ne lui a été ni accordée ni refusée.

§ II.

Reconnaissance de la source en fait et en droit.

Mais néanmoins il est résulté de cette demande une reconnaissance légale de cette source comme curative, qui constate l'efficacité de ses eaux, ainsi qu'il va être ci-après expliqué.

Cette reconnaissance résulte : 1° de la notoriété publique ; 2° du certificat des autorités locales qui donnent leur avis favorable, en constatant cette notoriété ; 3° de l'autorisation donnée par le Ministre compétent à l'Académie de Médecine pour faire l'analyse de cette eau ; 4° de cette analyse reconnue et adoptée par cette honorable société médicale dans sa séance du 6 novembre 1849 ; 5° et de son rapport daté du même jour, contenant cette analyse, qui a été transmis au Ministre, et duquel il résulte qu'elle est d'avis, en se basant sur cette analyse, que cette eau est inoffensive, mais peu médicale, à cause du faible poids des matières solides signalées.

Le tout, ainsi qu'il en a été donné avis par ce premier magistrat au propriétaire de la source le 7 décembre 1849, en lui demandant de nouveaux documents, pour lui accorder l'autorisation exigée. Ce dernier les a fournis, en lui envoyant une expédition de l'acte notarié ci-après daté, contenant les pièces probantes, et en demandant en conséquence purement et simplement l'application en sa faveur des articles 1 et 2 de l'ordonnance royale précitée.

La notoriété publique et la publicité ayant fait connaître les vertus de cette eau exceptionnelle, confirmées par ces trois analyses chimiques, beaucoup de pharmaciens en ont demandé des flacons pour en faire le débit au public dans leurs pharmacies, dans cet état des choses, en se fondant sur les articles 1, 15 et 17 de l'ordonnance royale précitée, qui les autorise à faire ce débit sans autorisation ni inspection.

Ce privilége a été accordé aux pharmaciens dans l'intérêt général par ce dernier règlement, le seul en vigueur sur cette matière, afin qu'un remède naturel si simple, et dont les accidents ne sont pas à craindre comme ceux des médicaments composés, puisse être livré au public libre de toutes entraves.

Il suffit au propriétaire et au pharmacien dépositaire de prouver, à qui de droit, l'origine de ces eaux, leur nature bienfaisante, reconnue par les analyses chimiques et par les autorités locales, notamment quand ces analyses émanent de professeurs légalement institués et sont déposées au ministère, où chacun peut les consulter.

Pour que les flacons de cette eau, frappés du cachet de la source, soient insaisissables, et notamment dans les pharmacies, le pharmacien en est responsable envers le public par l'étiquette de sa pharmacie sur les flacons.

Toutes ces conditions ont été remplies à l'égard de l'eau exceptionnelle de Villaines-Saint-Aubin.

Et il est évident qu'il résulte implicitement des dispositions de l'ordonnance royale précitée, qu'il existe sur cette matière deux points de droit particuliers et distincts, qu'il ne faut pas confondre.

Le premier point est la reconnaissance de la source comme ayant des vertus curatives exceptionnelles, et dont les principes peuvent être inconnus à la science existante.

Le législateur en rédigeant cette ordonnance, article 2, a

pensé avec raison que les sociétés de médecine étaient incom-
pétentes pour donner leur avis légalement dans ce cas, et que
la notoriété publique, supérieure à toute science, confirmée
par l'avis des autorités locales, devait être préférée et substi-
tuée à l'avis de ces sociétés médicales, puisqu'il s'agit ici d'un
remède naturel nouveau, qui leur est inconnu, et que l'homme
le plus ignorant peut expérimenter sans danger pour en reconnaître la vertu.

Il est probable que si l'on découvrait une eau naturelle
exceptionnelle qui pût guérir facilement une quantité de
maladies sans médecins (1), le législateur n'appellerait pas
leur corporation pour en autoriser la livraison au public.
Toutes les corporations sont envahissantes, et toujours con-
traires aux nouvelles découvertes qui pourraient léser leurs
intérêts particuliers.

Ce n'est pas par des analyses chimiques que l'on peut reconnaître la vertu de ces eaux, ces opérations n'étant que se-
condaires pour les eaux minérales naturelles, contrairement
aux médicaments composés qui sont régis par d'autres lois.

Il résulte de ces principes de fait et de droit, que, dans l'état
des choses, la source d'eau minérale de Villaines-Saint-Aubin
est légalement reconnue comme curative par les autorités
compétentes, et que cette reconnaissance, qui compose le premier point de droit, est suffisante pour que ces eaux soient dé-
bitées et vendues au public dans les pharmacies sans autorisation ni inspection.

Quant au second point de droit, il ne concerne que les en-
trepreneurs qui veulent exploiter les sources de cette nature,
en formant des établissements sur les lieux pour faire livrer
directement et administrer ces eaux au public, avec l'assistance d'un médecin inspecteur imposé par la loi.

Il est évident, dans ce cas, que l'entrepreneur doit être muni
d'une autorisation du gouvernement, sous peine d'être déclaré en contravention.

Mais le propriétaire du sol n'est pas obligé de faire cette
entreprise spéciale et commerciale; il peut y renoncer, et s'il
possède une source reconnue curative par l'autorité compétente, il a le droit, sans autorisation quelconque, de déposer
ou vendre ces eaux exceptionnelles, ainsi que toutes les plantes

(1) Un remède est reconnu souverain quand il guérit un individu sur deux.

médicinales produites par son sol, aux pharmaciens qui sont patentés et légalement institués, pour en faire le débit dans leurs pharmacies sous leur responsabilité, librement, en vertu de l'ordonnance royale précitée.

Ce droit et cette faculté leur ont été donnés par la loi, afin qu'en tout état de cause le public ne fût pas privé d'un médicament naturel, précieux, que la terre peut produire spontanément, et encore bien qu'il puisse en résulter une grande concurrence pour les autres médicaments déjà connus, et principalement si ce remède naturel nouveau pouvait, à peu de frais, guérir une quantité d'affections sans danger, à la grande satisfaction des classes inférieures (1).

§ III.

Pièces probantes et documents qui établissent la preuve certaine de la reconnaissance légale de cette source d'eau curative.

Les pièces principales qui prouvent la reconnaissance légale de cette source d'eau curative ont été déposées pour minute en l'étude de Me Berthier, notaire à Laferté-Saint-Aubin, commune où elle est située, qui en a fait acte le 29 février 1852, dont une expédition a été remise au ministère, et qui sera communiquée à qui de droit.

Les autres documents qui viennent à l'appui de ces pièces sont plusieurs lettres écrites au propriétaire de la source par des pharmaciens qui ont débité cette eau dans leurs pharmacies.

1° M. Marquis Sebie, pharmacien à Bordeaux (Gironde), par sa lettre datée du 26 juin 1851, déclare ce qui suit :

« Sur des faits observés par moi dans les cas où j'ai vendu et consulté ce remède naturel, il a toujours réussi, ou du moins il a considérablement amendé la maladie.

« Un monsieur d'un tempérament assez lymphatique, porteur d'une maladie dartreuse depuis trois ou quatre ans, maladie qui avait été rebelle à diverses médications, a été guéri par quelques flacons de cette eau; aujourd'hui, il n'en fait plus usage que pour en éviter le retour.

(1) Suivant les auteurs anciens (rapportés par Chaptal), Hippocrate, le patriarche de la médecine, faisait le plus grand cas des eaux minérales naturelles.
Le docteur anglais Bucham, dans son livre intitulé : *Médecine domestique*, dit que ces eaux, dans plusieurs cas, font la confusion de l'art médical.

« Une femme avait une plaie au pied qu'elle ne pouvait cicatriser ; je lui donnai un flacon de cette eau. Je n'ai point revu cette femme ; mais trois jours après elle envoya chercher chez moi deux nouveaux flacons, dont un pour elle et un pour une de ses connaissances : preuve évidente que le remède avait été salutaire. Cette connaissance en a fait reprendre encore deux autres flacons.

« Un remplaçant militaire, qui devait passer sous peu de jours devant le conseil de révision, avait le corps couvert de boutons depuis quelque temps ; deux flacons de cette eau ont suffi pour faire disparaître ces boutons.

« Ces faits, joints à ceux que vous avez recueillis, sont concluants pour moi. »

2° M. Laigniez, pharmacien à Laval (Mayenne), prenant les qualités de fondateur de la Boucherie philanthropique, membre titulaire de l'Académie nationale de France, par sa lettre datée du 18 décembre 1851 :

Demande un envoi de cette eau exceptionnelle triple de celui qui lui avait été expédié précédemment ; preuve évidente qu'il avait reconnu son efficacité.

3° M. Moreau, pharmacien à Bayonne (Hautes-Pyrénées), par sa lettre datée du 16 avril 1852 :

Donne avis que son dernier envoi d'eau minérale naturelle de Villaines-Saint-Aubin étant épuisé, il demande un second envoi double du premier, et il déclare que les personnes qui se sont décidées à employer cette eau en ont obtenu de *très-bons effets ;* qu'il serait à désirer qu'elle fût popularisée promptement.

4° M. Suaty, médecin-pharmacien à Saint-Frajon-l'Isle-en-Dodon (Haute-Garonne), par sa lettre datée du 7 août 1852 :

Déclare, d'après l'éloge justement mérité que plusieurs de ses confrères ont fait des eaux minérales naturelles de Villaines-Saint-Aubin, il se propose d'employer dans sa pratique l'usage de ce nouveau moyen thérapeutique, et qu'en conséquence, il en demande l'envoi de plusieurs flacons.

5° Suivant une note datée du 11 février 1850, faite et signée par M. Varry, docteur-médecin à Montereau (Seine-et-Marne), ville dans laquelle cette eau exceptionnelle a guéri gratuitement de diverses affections une quantité de personnes, depuis quelques années, employée de la manière énoncée au prospectus.

Ce docteur déclare qu'il est évident que la qualité fondamentale de l'eau de Villaines-Saint-Aubin est d'être cicatrisante, que sa propriété hémostatique dérive de la qualité cicatrisante, et qu'en second lieu, cette eau n'est hémostatique qu'à la condition d'être astringente.

§ IV.

Enquêtes précédentes faites par les autorités locales pour reconnaître les vertus de cette eau exceptionnelle.

Suivant un procès-verbal d'enquête, daté du 22 avril 1849, fait par le maire de la commune de Laferté-Saint-Aubin, commune où la source est située,

Ont comparu devant ce magistrat les personnes ci-après nommées, domiciliées en cette commune;

Lesquelles ont déclaré, pour rendre hommage à la vérité, qu'ayant fait usage de l'eau minérale de Villaines-Saint-Aubin, qu'elles ont puisée ou fait puiser à cette source, elles ont été guéries des affections ci-après énoncées, en s'appliquant cette eau sur la peau par frictions et compresses :

1° Le sieur Auguste Baudoin, attaqué à la jambe d'un ulcère que les onguents n'avaient fait qu'augmenter pendant deux mois, et qui formait une plaie profonde, a été guéri radicalement, ainsi qu'il l'a prouvé en montrant la cicatrice. Un mois a suffi pour cette guérison, en renouvelant les compresses soir et matin, sans autre douleur qu'un léger picotement.

2° La dame Leblu, attaquée d'une douleur rhumatismale insupportable au genou, ayant fait des frictions et appliqué des compresses de cette eau sur cette partie, journellement, pendant quinze jours, a été guérie, et un litre a suffi pour cette cure.

3° Le sieur Vanard ayant une forte brûlure à la main, s'étant servi de cette eau par frictions, la douleur a cessé presque à l'instant, et la plaie a été cicatrisée en trois jours.

4° Le sieur Briollet, directeur des postes, âgé de 76 ans, affligé, depuis environ une année, d'une enflure de la jambe droite, couverte de vives rougeurs et de boutons causant une pesanteur et une démangeaison insupportables; cette maladie, qui avait depuis longtemps résisté à la science médicale, a été guérie en trois mois, à compter du jour où le malade a fait des frictions et mis des compresses de cette eau, renouvelées deux fois par jour, matin et soir. Quatre litres de cette eau ont suffi pour cette cure remarquable ; les boutons, les démangeaisons et l'enflure ont disparu.

Faisons observer que, depuis ce traitement, ce vieillard a continué de jouir d'une bonne santé.

Plusieurs autres personnes dignes de foi, dénommées dans ce procès-verbal d'enquête, ont déclaré avoir été guéries de diverses affections par l'application de cette eau exceptionnelle.

Lequel procès-verbal constate que cette source a été visitée précédemment par ledit maire.

Un double de ce procès-verbal d'enquête a été remis au ministre, avec l'avis du maire constatant que cette source était digne d'attention.

Et signé Soyer, maire.

Un second certificat du maire, successeur de M. Soyer, daté du 31 décembre 1851, constate que cette eau minérale naturelle est notoirement connue dans ces localités depuis plusieurs années par ses qualités curatives, notamment pour la guérison des maladies de la peau, dartres, brûlures, douleurs et cicatrisation des plaies, employée par frictions et compresses.

Ce certificat a été signé par M. Félix Seurat, maire.

Il est résulté de tous ces faits positifs et incontestables, connus par suite de leur publicité, que beaucoup de pharmaciens ont demandé au propriétaire de la source des flacons de cette eau curative pour en faire le débit dans leurs pharmacies, et en appuyant leurs droits, dans l'état des choses, sur les articles 1er, 15 et 17 de l'ordonnance royale précitée, qui leur permet ce débit.

Et c'est en conséquence de ces faits que, depuis plusieurs années, cette eau a été débitée avec succès, et à la satisfaction du public, dans plus de quarante villes des départements français, ainsi qu'en Algérie, en Belgique et à Saint-Pétersbourg, en Russie, suivant qu'il est prouvé par l'extrait des correspondances, qui sera communiqué à qui de droit.

§ V.

Infraction grave qualifiée délit ou quasi-délit. — Saisie de flacons de cette eau curative, qui pourrait être considérée comme un abus d'autorité commis dans deux pharmacies par un médecin-inspecteur à Paris.

D'après ce qui vient d'être expliqué, il paraît évident qu'il n'y avait pas lieu de croire qu'un inspecteur ou agent de police pût arrêter le débit de cette eau minérale naturelle dans les pharmacies, sans commettre une infraction grave qualifiée de délit ou quasi-délit,

· Et notamment en ce qui concerne l'eau exceptionnelle dont il est question, déposée à Paris dans deux pharmacies; puisque le propriétaire de la source a fait notifier pour ordre, tant à cet inspecteur qu'à M. le Préfet de Police, copie de l'acte de dépôt des pièces probantes, ci-devant daté et énoncé, et de leur annexe, qui prouvent la reconnaissance de cette source comme curative, notification qui leur a été faite par exploit de Binon, huissier, rue de Grenelle-Saint-Honoré, 19, daté du 12 mars 1852, enregistré.

Et il paraît surprenant que, sans y avoir aucun égard, non plus qu'à l'ordonnance royale précitée, et d'où il résulte, article 2, que la reconnaissance des eaux minérales naturelles n'est pas du ressort des Sociétés ou Académie de médecine, que deux saisies des eaux minérales de Villaines-Saint-Aubin ayant été faites à Paris avec l'assistance de cet inspecteur, dans deux pharmacies, ayant requis le commissaire de police à cet effet dans le courant des mois de novembre 1851 et août 1852, place Vendôme, 2 et 23, et nonobstant la dernière, dans la pharmacie anglaise Tessier et Roberts, sans avoir égard à cette notification postérieure, et notamment que les flacons déposés étaient en grande partie destinés à l'exportation en Angleterre, ils appartenaient au propriétaire de la source, et non pas à la partie saisie.

Il est évident qu'en faisant procéder à ces deux saisies, dans l'état des choses et sans motifs plausibles qui puissent justifier qu'elles avaient pour but l'intérêt public et l'exécution d'une loi, l'inspecteur a commis une infraction grave et positive, qui pourrait être considérée comme un abus d'autorité, dont il est responsable quant aux dommages qu'elle a fait éprouver, d'abord au propriétaire de la source, au pharmacien dépositaire ensuite, et au public.

Et de ce fait, reconnu illégal et répréhensible, on pourrait tirer contre lui les conséquences prévues par l'art. 188 du Code pénal, en considérant que cet inspecteur, assisté d'un commissaire de police par lui requis, armés ainsi tous deux de l'autorité de leurs fonctions, qui est une force publique, l'ayant employée contre l'exécution de cette ordonnance royale dans les pharmacies, auraient commis un abus d'autorité contre l'exécution d'une loi ou d'une ordonnance émanant de l'autorité légitime.

Réquisition de la part de l'inspecteur qui aurait été suivie de son effet (art. 189 du même Code).

Cette ordonnance royale se trouve, dans ce cas, arrêtée inopinément dans son exécution par ce moyen absolu.

Moyen tranchant, réprouvé par toutes les lois et principalement contre les remèdes naturels et inoffensifs, ce moyen illégal, s'il était admis ou toléré, pourrait, dans beaucoup de cas, ruiner un commerçant auquel la loi spéciale et protectrice de ses opérations manquerait ainsi tout à coup, par suite de cet abus d'autorité.

Et quant à ce qui concerne les eaux minérales naturelles, presque toutes celles connues d'origine française ou étrangère ne sont autorisées que par leur usage et la notoriété publique. Si cette ordonnance royale n'était pas exécutée, les médecins-inspecteurs pourraient faire saisir ces eaux à leur gré, et même celles qui auraient été reconnues par leur usage comme les plus utiles à l'humanité depuis bien longtemps, et alors, sans aucun but d'intérêt public, sous prétexte qu'elles n'auraient pas été autorisées par leur corporation ou Société médicale, ce procédé pourrait porter le trouble dans toutes les pharmacies.

Une pareille saisie, évidemment réprouvée par la loi, ne peut être faite impunément, et notamment quand les objets n'appartiennent pas à la partie saisie (1).

VI.

Nullité des procès-verbaux de saisie. — Insuffisance des analyses chimiques pour connaître les vertus curatives des eaux minérales naturelles.

Il résulte des art. 1er, 15 et 17 de l'ordonnance royale précitée, que le pouvoir des médecins-inspecteurs, en ce qui concerne les eaux minérales, est légalement annihilé dans les pharmacies ; ils n'ont aucun droit d'inspection dans ces lieux, ni aucun caractère légal pour assister un commissaire de po-

(1) Il n'existe en Angleterre aucune société de médecine privilégiée, afin d'éviter le monopole qui pourrait en résulter dans beaucoup de cas.

lice qui ferait une saisie de ces eaux, sous peine de nullité du procès-verbal, ainsi qu'il sera ci-après expliqué;

Et qu'ils ne peuvent faire valoir en leur faveur, pour rendre cette saisie nécessaire et légale, un avis de l'Académie de médecine ou de toute autre société, qui aurait déclaré que, suivant leurs analyses, cette eau était inoffensive, mais peu médicale.

Ces avis, basés sur l'analyse, sont erronés et illégaux; ils ne peuvent être considérés que comme officieux et ne peuvent aucunement prévaloir sur ceux des autorités locales, basés sur la notoriété publique, supérieure à toute science théorique et seuls exigés par la loi présentement en vigueur (article 2 de l'ordonnance royale précitée);

Et sans qu'un médecin-inspecteur puisse davantage s'appuyer sur un prétendu défaut d'exactitude dans les analyses produites par le propriétaire de la source et desquelles il résulte que cette eau a été qualifiée *albumineuse iodurée*, ces analyses ayant été faites postérieurement à celle de l'Académie de médecine, par deux professeurs de chimie distingués à Paris:

La première, par M. Poinsot, chef des travaux chimiques au Conservatoire des arts et métiers, et la seconde, par M. Chatin, docteur ès-sciences, professeur à l'Ecole de pharmacie, ainsi qu'il est expliqué par l'acte de dépôt ci-devant daté, dont une expédition a été remise au ministre;

Et desquelles analyses il résulte que deux substances précieuses sous le rapport médical, *l'albumine et l'iode*, qui avaient échappé aux autres analyses, ont été signalées par ces deux professeurs, et notamment *l'iode en proportion considérable;* ce qui, aux yeux de la science existante, justifie la guérison des gastrites et des fièvres intermittentes, opérée par cette eau bue en petite quantité, savoir: pour les gastrites, tous les matins à jeun, et pour les fièvres, quand elles commencent à se faire sentir;

Et enfin d'une quantité d'autres affections, appliquée froide par frictions et compresses.

Cette découverte de substances nouvelles, contestée par l'inspecteur, n'était pas une cause suffisante pour saisir cette eau, dont la nature était toujours la même et qui avait été reconnue bienfaisante.

Il suffisait, en tous cas, que les matières solides constatées par l'analyse de l'Académie de médecine, autorisée par le ministre, fussent reconnues exister dans l'eau contenue dans les flacons frappés du cachet de la source et portant l'étiquette du pharmacien responsable, pour que ces flacons fussent in-saisissables. Cette analyse étant déposée au ministère, chacun peut la consulter.

C'est le seul moyen de vérification légale pour assurer la personne qui achète l'eau minérale de Villaines-Saint-Aubin qu'elle n'a pas été trompée sur la nature de la marchandise vendue (art. 423 du Code pénal).

Mais rien n'empêche qu'il puisse exister, dans cette eau naturelle, d'autres substances palpables et impalpables inconnues de la science existante, et qui auraient échappé à une première ou deuxième analyse. Car il ne s'agit pas ici d'un médicament composé par la main des hommes ; il est régi par d'autres lois. Ces eaux ne font pas partie des médicaments qui doivent être portés au *Codex* de la pharmacie.

L'analyse chimique des remèdes naturels est insuffisante pour en faire reconnaître les vertus ; elle a seulement pour but de faire connaître les substances qu'ils peuvent contenir au point de vue de la science existante.

Les secrets de la nature sont infiniment au-dessus de la science humaine, et d'où il résulte que les eaux minérales, qualifiées artificielles, sont toutes plus ou moins imparfaites.

VII.

Accusation contre des professeurs de chimie pour une prétendue fausse énonciation de substances dans l'analyse d'un remède naturel. — Moyen non-recevable pour en faire arrêter le débit.

Si un médecin-inspecteur ou tout autre individu accuse des professeurs de chimie d'avoir fait une *fausse énonciation* de substances dans leurs analyses de plantes ou d'eaux minérales naturelles, qui pourraient, suivant le dénonciateur, faire tromper l'acheteur sur la nature de la marchandise vendue, cette accusation, et notamment si elle était soumise à un juge d'instruction, donnerait le droit au propriétaire de la source et aux professeurs accusés de faire sommation à l'inspecteur et aux chimistes accusateurs ou contradicteurs, de se présenter dans un établissement public et spécial, à Paris, aux jour et heure indiqués, en présence d'un commissaire de police dûment appelé ;

Pour voir réitérer cette opération analytique en présence des hommes de l'art réunis dans cet établissement ;

Et en opérant sur une quantité d'eau de Villaines-Saint-Aubin, expédiée de la source sous le cachet du maire de la commune, accompagné de son certificat de puisement,

Opération qui serait faite sur une quantité d'eau égale à celle qui aurait servi à la première analyse de l'Académie de médecine, autorisée par le ministre (trois litres).

De quoi il serait dressé procès-verbal par ce commissaire et sous toutes réserves de la part du propriétaire de la source et des chimistes, accusés de poursuivre, en réparation de dommages intérêts, les accusateurs en défaut.

Faisant observer que la prépondérance des analyses faites par des professeurs, en ce qui concerne les remèdes ou médicaments naturels, n'appartient qu'au plus savant, et que le droit exclusif de faire ces analyses n'est attribué par la loi à aucune académie ou société privilégiée.

D'ailleurs, ces débats scientifiques ne pourraient aucunement empêcher le débit de cette eau minérale naturelle dans les pharmacies; leur résultat ne pouvant en changer ni l'origine ni la nature bienfaisante, et, par conséquent, autoriser un inspecteur à la faire saisir impunément.

§ VIII.

Moyens qui ne pourraient être invoqués en faveur de l'inspecteur contre les effets de l'action civile.

D'où il résulte que cet acte insolite, commis par cet inspecteur à l'égard de l'eau minérale naturelle de Villaines-Saint-Aubin, ne pourrait être validé,

Ni par l'avis ou décision d'une société de médecine, ni par une lettre ou avis d'une autorité de police, qui l'aurait ordonné en contravention à l'ordonnance royale précitée, ni par un jugement de police correctionnelle, qui aurait maintenu, par erreur, la saisie d'un objet qui n'appartenait pas au condamné, et qui aurait pu avoir été rendu à l'insu du propriétaire de la source, et présumablement mal fondé, faute de l'avoir entendu, notamment s'il était basé sur des arrêts anciens dont la lettre est morte, et contrairement aux dispositions de cette ordonnance, seul règlement en vigueur.

Ce jugement, s'il était ainsi rendu, étant contraire à l'ordonnance royale, serait nul en droit et ne pourrait passer en force de chose jugée, notamment à l'égard des tiers.

Et, par la suite, un jugement différent pourrait être rendu

sur le même objet et par le même tribunal, mieux informé par des documents nouveaux.

Il est évident que ces différents moyens, s'ils étaient invoqués en faveur de cet inspecteur, ne pourraient empêcher sa condamnation en réparation et dommages-intérêts envers le propriétaire de la source pour le fait insolite dont est question, qui aurait porté atteinte à ses droits de propriété.

§ IX.

Législation.

Aucune loi n'empêche un propriétaire de vendre ou de faire vendre les produits de son sol, soit végétaux soit minéraux, en se conformant aux règlements sur chaque matière.

En conséquence, vu la loi du 21 germinal an XI sur l'organisation et la police de la pharmacie, d'où il résulte, suivant l'article 29, qu'il n'y a que les drogues mal préparées ou détériorées qui puissent être saisies à l'instant par le commissaire de police,

Et que, suivant l'article 32, les pharmaciens peuvent livrer et débiter au public toutes les drogues simples, sans aucunes autorisations ni prescriptions de médecins;

Vu l'ordonnance royale sur la police des eaux minérales (lesquelles sont considérées comme remèdes simples), datée du 18 juin 1823, portant :

« Art. 1er. Toute entreprise ayant pour effet de livrer ou administrer au public des eaux minérales naturelles, demeure soumise à une autorisation préalable et à l'inspection d'hommes de l'art.

« Sont seuls exceptés de ces conditions les débits desdites eaux qui ont lieu dans les pharmacies.

« Art. 2. Les autorisations exigées par l'article précédent, continueront d'être délivrées par notre Ministre de l'Intérieur, sur *l'avis des autorités locales*, accompagnées, pour les eaux minérales naturelles, de leur analyse; »

Vu les articles 15 et 17 de cette ordonnance, confirmatifs de l'article 1er en ce qui concerne la vente libre de ces eaux dans les pharmacies;

Vu les articles 10 et 11 du Code pénal, d'où il résulte qu'il est fait une réserve des restitutions des dommages-intérêts qui peuvent être dus aux parties, et qu'il n'est pas permis de saisir une propriété qui n'appartient pas au condamné;

Vu l'article 1ᵉʳ du Code d'instruction criminelle, portant que l'action en réparation du dommage causé par un délit ou une contravention, peut être exercée par tous ceux qui ont souffert de ce dommage ;

Vu l'article 3 du même Code, portant que l'action civile peut être poursuivie en même temps, et devant les mêmes juges que l'action publique, ou séparément, et l'article 638 sur la prescription de cette action ;

Vu les articles 1382 et 1383 du Code Napoléon, portant que tout fait quelconque de l'homme qui cause à autrui un dommage, oblige celui par la faute duquel il est arrivé à le réparer, et que chacun est responsable du dommage qu'il a causé, non-seulement par son fait, mais encore par sa négligence ou par son imprudence ;

Il est évident que si cet inspecteur est la cause de cette saisie illégale, il est civilement responsable des dommages qu'elle a occasionnés, en arrêtant l'exécution de cette ordonnance, et il ne pourrait invoquer en sa faveur, pour arrêter l'action civile contre lui, la garantie accordée par le gouvernement aux agents et fonctionnaires publics, par l'article 75 de l'acte du 22 frimaire an VIII, ni les décrets des 13 décembre 1799 et 9 août 1806, puisqu'il a agi, non-seulement contre l'exécution d'une ordonnance royale, mais encore, évidemment, hors de son ressort.

Ce qui rend cette saisie nulle en droit, par les motifs ci-devant expliqués, et, en outre, radicalement nulle de fait comme acte public, à cause de l'incapacité de cet inspecteur dans les pharmacies pour assister le commissaire de police.

Ainsi que cette nullité radicale existerait à l'égard des actes faits par des maires, des juges ou autres fonctionnaires, qui auraient exercé leurs fonctions sur un territoire étranger à leur juridiction, cas prévu par les lois des 14 et 18 décembre 1789, 12 et 20 août 1790. (Avis du Conseil d'État du 28 juin 1806.)

§ X.

Action civile en réparation du dommage causé par cette infraction.

Dans cet état de choses, en ce qui concerne l'eau de Villaines-Saint-Aubin, le ministre se trouve légalement en mesure d'accorder au propriétaire de la source l'autorisation exigée pour qu'il puisse livrer directement cette eau au public.

Mais ce magistrat ne peut être contraint de l'accorder, et il peut l'ajourner indéfiniment ; et le propriétaire lui-même, malgré l'excellente qualité des eaux de cette source, peut aussi se refuser à l'exploiter par entreprise commerciale.

C'est dans ces cas exceptionnels que l'ordonnance royale précitée doit recevoir son exécution dans les pharmacies, afin que le public ne soit pas privé d'un remède naturel précieux, par l'un ou l'autre de ces deux empêchements.

Et il est évident que le propriétaire peut vendre, dans ce cas, cette eau aux pharmaciens qui la lui demandent, ainsi que les plantes médicinales produites par son sol, et que le pharmacien doit lui en payer le prix. Or, si ce paiement est arrêté par la faute d'un agent de police qui a commis une infraction aux lois sur cette matière, il est positif que ce propriétaire peut intenter à cet agent un procès par action civile en réparation des dommages causés par ce fait, et peut faire ordonner la main-levée de ces saisies illégales, sans aucune autorisation du gouvernement, si cet agent ou fonctionnaire a opéré sur un territoire étranger à sa juridiction ou hors du ressort de ses attributions. Le pharmacien dépositaire a le même droit, il peut poursuivre cet agent même devant le juge de paix, si les dommages-intérêts réclamés n'excèdent pas la compétence de ce magistrat ; car il ne s'agit pas d'être inspecteur ou agent de police pour saisir inconsidérément et impunément tels ou tels objets émis dans le commerce ; les agents ne peuvent dans ce cas invoquer en leur faveur la garantie du gouvernement.

La partie civile lésée ne peut et ne doit pas attaquer une administration comme responsable ; elle ne connaît que l'agent qui a été employé à commettre l'infraction, et contre lequel elle peut légalement diriger ses poursuites, sauf à ce dernier à appeler en garantie son supérieur, s'il a agi par son ordre spécial.

Fait à Paris, ce 10 mai 1850.

Le Propriétaire de la terre et de la source d'eau minérale curative de Villaines-Saint-Aubin, ancien magistrat.

Signé : **Limosin.**

Paris. — Imp. Bailly, Divry et Comp., pl. Sorbonne, 2.

.